ぶきっちょさんでも、
ミシンがなくてもOK

かんたん
手ぬい
犬の服

了戒かずこ

講談社

INTRODUCTION

おしゃれが大好きだし、
うちのコだけのお洋服を作ってあげたい。
やる気はあるけど、ミシンを引っぱり出したり、
作業に頭を抱えることなく、気軽に可愛いお洋服を作りたい!
本書は「基本のタンクトップ」と「基本の胴輪」に好みのパー
プラスするだけで、パーカーやワンピースも作れます。
素材や生地選び、重ね着などにこだわって、
おしゃれをもっと身近に楽しんでください。

CONTENTS

Type1	Girlish	P.6
Type2	NATURAL	P.14
Type3	COOL	P.26

作品別ぬい方手順紹介

基本のタンクトップ ……………… P.34
基本のタンクトップ＋フード ……………… P.36
基本のタンクトップ＋アップリケ＋
シフォン袖＋チュールスカート ……… P.38
基本のタンクトップ＋
2段フリルスカート ……………… P.40
ふちどりタンクトップ＋袖フリル … P.42
基本の胴輪 ……………… P.44
断ち切り胴輪 ……………… P.46

+α小物で好みにアレンジ

コサージュを作る ……………… P.47
レースをつける ……………… P.47
くるみボタンを作る ……………… P.47
フリルをつける ……………… P.48
スタッズをつける ……………… P.48
アップリケをつける ……………… P.48
ステッチを入れる ……………… P.48
飾りボタンをつける ……………… P.48

犬の洋服づくりに必用な
手ぬいの基礎

そろえておきたい道具 ……………… P.50
装飾パーツ ……………… P.50
生地・材質の選び方 ……………… P.51

本書で使う手ぬいの基礎

ぬい始め ……………… P.52
ぬい終わり（玉どめ） ……………… P.52
途中で糸がなくなったら ……………… P.52
並ぬい（ぐしぬい） ……………… P.53
半返しぬい ……………… P.53
全返しぬい ……………… P.53
ブランケットステッチ ……………… P.53
たてまつりぬい ……………… P.54
布地をバイアスで裁断する ……………… P.54
バイアステープを作る ……………… P.55

サイズのはかり方 ……………… P.56

本書の型紙分類とモデル犬サイズ …… P.56

サイズの直し方 ……………… P.58

型紙の準備と使い方 ……………… P.60

基本のタンクトップ基本の胴輪に自分らしさをプラス

基本のタンクトップ　P.62
item 1, 15, 16, 25, 29, 37, 40, 41

基本のタンクトップ＋ボタン　P.63
item 23

基本のタンクトップ＋裾レース　P.64
item 5

基本のタンクトップ＋アップリケ　P.64
item 10, 32, 35, 42, 46

基本のタンクトップ＋コサージュ　P.66
item 12, 18, 20

基本のタンクトップ＋背中フリル　P.67
item 44

基本のタンクトップ＋フード　P.68
item 27, 28（2重のフード）、31（1重のフード）

基本のタンクトップ＋アップリケ＋
チュール袖・スカート　P.69
item 4, 7

基本のタンクトップ＋
2段フリルスカート　P.70
item 33

ふちどりタンクトップ　P.70
item 8

ふちどりタンクトップ＋アップリケ　P.71
item 22, 39

ふちどりタンクトップ＋袖フリル　P.71
item 3

基本の胴輪　P.72
item 2, 6, 9, 11, 13, 17, 19, 21, 24, 34, 36, 43, 45, 47

基本の胴輪＋飾りボタン　P.77
item 26（※1重仕立て 裏布なし）

基本の胴輪＋レース　P.78
item 30

基本の胴輪＋スタッズ　P.68
item 38

断ち切り胴輪　P.79
item 14

Type 1

Girlish

基本のタンクトップにフリルやチュールスカートをプラスして、キュートに変身。「かわいい」コーデのきほんを厳選してお届けします。

item 1 → P.62　item 2 → P.74

花柄にギンガムチェックふちどりをあしらった胴輪は、かわいくて存在感バツグン。基本のタンクトップと、ラフに着こなすのがオシャレ。

item 3 →P.71

モコモコのストレッチフェイクファーにレース袖をプラス。カワイイだけじゃなく、デザイン性の高さがイイ。

item 4 →P.69

基本のタンクトップに、アップリケ、シフォン袖、チュールスカートをプラス。カワイクなるための条件全てをそろえたワンピース。やわらかく揺れるシフォン素材は、切りっぱなしでOKな優秀アイテム。

item 5 →P.64　item 6 →P.74

基本のタンクトップの裾にアクセントでレースをプラス。胴輪のふちどりには、アンティーク調の花柄をコーディネイトして上品に♡

item 7 →P.69
かわいいのにナチュラルなのは、ボーダータンクのなせる技。チュールスカートやリボンの色をシックに変えても、透け感ある素材なので重たく見えない。

item 8 →P.70

item 9 →P.74

フリル付き生地で作ったタンクトップは、アイテムをプラスしなくてもとってもキュート。コーデの主役にカラフル胴輪を投入すれば、秋冬も可愛くキマる。

item 10 →P.64　item 11 →P.74

レトロな花柄を甘くガーリーな胴輪に。胴輪の花柄を切り抜いて、タンクトップのアップリケにするのもコーディネイトのコツ。

Girlish

item 12 →P.67　*item 13* →P.75

ボーダータンクにコサージュやリボンカラーをプラス。胴輪のふちどりに花柄をそっと仕込んで、可愛さを引き出して。

Type 2

NATURAL

ナチュラルが好きだけど、うちのコだけのとっておき感はほしい。ただのタンクトップにならないデザイン性の高い、個性がつまったナチュラルをどうぞ。

item14 p79
ボア素材で作った「断ち切り胴輪」は、ムートンベスト風で秋冬のマストアイテム。

item15 item16 →P.xx
1枚で着てサマになるボーダータンクは犬の体型にフィットするよう、立体的に作った型紙のなせる技。

item17 →P.75
小花柄で女の子っぽさをさりげなく添えた「基本の胴輪」。

item 18 →P.66　*item* 19 →P.75

ストレッチデニムのタンクトップは、着る主役を生き生きと輝かせる最強アイテム。チェックの胴輪とコーディネイトして、休日の開放感を思いっきり楽しんで。

item 20 →P.66 *item* 21 →P.75
赤に青いデニムで作ったコサージュをコーディネイトすると、絶妙な色バランス。

item 22 → P.71

少し肌寒い季節になってもアウトドア派なコには、フリース素材のタンクトップがおすすめ。やんちゃして汚れても、洗ってすぐに乾くすぐれモノ。

item 23 → P.63

item 24 → P.76

お天気もいいし、今日はカジュアルコーデでピクニック。水玉柄のデニム胴輪の重ね着が可愛くて、朝からゴキゲン♪

Take a rest

item 25 → P.63

item 26 → P.77

たっぷり遊ぶときは甘さ控えめのラフな着こなしに。帰りはくるみボタンがキュートな胴輪を着て、さっとイメチェン。

item 27 →P.68

ワンコ友達とお家遊び。上品ブラウンに、アップリケとパーカーをプラスしてやんちゃにアレンジ。

item 28 →P.68
ひと味違った色合いのお気に入りのパーカーでおでかけ。おしゃれ女友達にも好評で、着てきて正解！

item 29 →P.63　*item* 30 →P.78

定番のボーダータンクにヘリンボーンの胴輪をコーディネイトすれば、雰囲気がガラッと変ってこじゃれ感がUP！

item 31→P.69

地元仲間との集まりには、気負わないフリースパーカースタイルで。裾にアップリケをプラスするだけで、流行の着こなしでバランスもきれいにキマル。

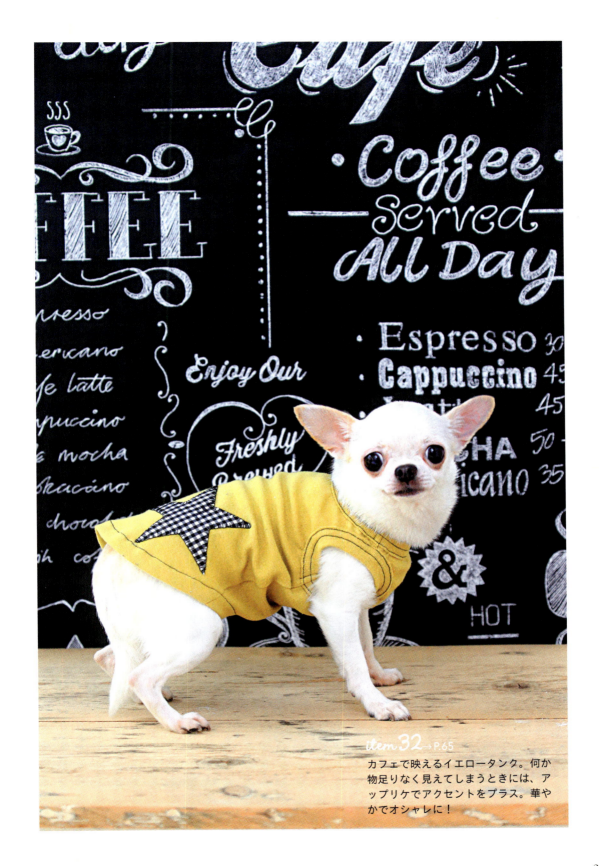

item 32 → P.65
カフェで映えるイエロータンク。何か物足りなく見えてしまうときには、アップリケでアクセントをプラス。華やかでオシャレに！

Type 3
COOL

胴輪をベストに見立ててシックに着る新アプローチ。見た目はきちんとしているのに着心地はラクだから、おでかけにもリラックスにも最適です。

item 33 → P.70　*item* 34 → P.76

基本のタンクトップに2段のスカートをプラスしてフェミニンに。ファーベストをコーディネイトして甘過ぎないオトナ可愛いコーデに。

item 35 → P.64　*item* 36 → P.76

クモのビーズアップリケがドラマチックなタンクトップに、シックなツイード調胴輪をベスト感覚でプラス。きちんと感あるコーデに。

item 37 →P.62　item 38 →P.78
スタッズをプラスした胴輪はどんなコーデにも相性抜群。シンプルなグレータンクにも合う、デイリーに使える強い味方。

item 39 → P.71
モノトーンの辛口タンクトップに、起毛素材で甘さをプラス。アップリケをプラスすることで、黒でも重くならずヌケ感を演出。

item 40, item 41 → P.63
気取らないけどシックに着こなせるモノトーン。
正統派ボーダーと水玉でかわいげをプラス。

item 42 → P.65　item 43 → P.76
コーデを格上げするスエード調の胴輪には、
タンクトップのアップリケで抜けをプラス。
トレンド感を高めてくれる頼もしい存在。

item 44 →P.67　item 45 →P.77
ラフな休日ほど、シックなモノトーンが気分。タンクトップにフリルをつけると、上品なアクセントに。

item 46 →P.65　item 47 →P.77
上品な素材にすれば、ほどよいドレスアップに。アクセントになる同系色のアップリケでタンクトップを刷新。

作品別ぬい方手順紹介

基本の
タンクトップ

作品別レシピ ➡ p.62〜67参照

手ぬいのやり方は、p.52〜55を参照

裁断する

1. 前身頃、後身頃、えりぐり布（1枚）、袖ぐり布（2枚）を裁断する。

片方の肩をぬう（反返しぬい）

2. 前見頃と後見頃を中表にあわせ、肩のできあがり線を半返しぬいでぬい合わせる。

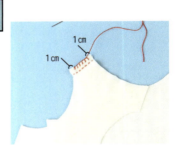

3. ぬい代は、えりぐり側、袖ぐり側を1cm残してブランケットステッチをする。

4. ぬい代を後ろに倒し、アイロンで押さえる。

えりぐりにえりぐり布をつける

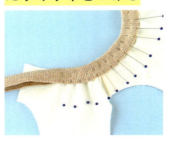

5. えりぐりの表側端にえりぐり布2つ折りの「わ」を乗せ、えりぐり布をやや引っぱりながら待ち針を打つ。

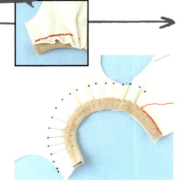

6. えりぐり布の端から2〜3mmの位置を全返しぬいする。

7 6のステッチにそって約5mm内側にもう1本ステッチ（全返しぬい）を入れる。

裏側のぬい代を切る

8 身頃裏側の2本ステッチより外側部分のぬい代を約3mm切り落とす。

もう片方の肩をぬう

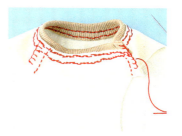

9 もう片方の肩を2〜4と同じようにぬい合わせ、ブランケットステッチをする。

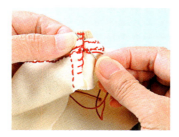

10 ぬい代を後ろ側に倒し、えりぐり部をたてまつりぬいする（ぬい代を固定するため）。

11 両袖ぐりに5〜8と同じ手順で袖ぐり布をつける。

両脇をぬう

12 前身頃と後身頃を中表に合わせ、脇の出来上がり線を半返しぬいする。

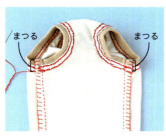

13 ぬい代にブラケットステッチをし、後身頃側に倒し、袖ぐり部をたてまつりぬいする（ぬい代を固定するため）。

裾のぬい代始末

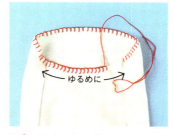

14 裾ぬい代をブランケットステッチで始末する。前裾は着脱しやすいよう糸をゆるめにする。

裾を折り返してぬう

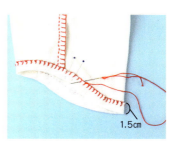

15 裾ぬい代を1.5cm裏側に折り、端からたてまつりぬいする。

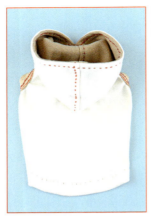
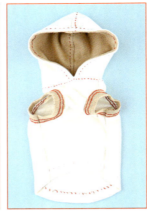

基本の タンクトップ ＋フード

作品別レシピ → p.68参照

手ぬいのやり方は、p.52～55を参照

2重のフード

裁断する

1　前身頃、後身頃、袖ぐり布（2枚）、フード（4枚）を裁断する。

裏つきフードを作る

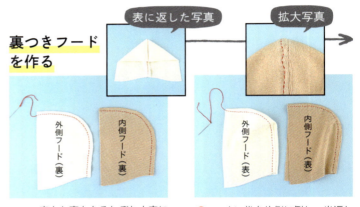

表に返した写真　　拡大写真

2　表布と裏布をそれぞれ中表に合わせ後ろ中心を半返しぬいでぬい合わせ、表に返す。

3　ぬい代を片側に倒し、半返しぬいでステッチを入れて押さえる。

4　表フードと裏フードを中表に合わせ、半返しぬいでフード口をぬう。

5　表に返す。

6　フード口を半返しぬいでステッチをする。

7　基本のタンクトップ」(P34)手順2～4、11と同様に両肩をぬい、袖ぐり布をつける。

36

えりぐりにフードをつける → 両脇をぬい合わせる　裾を折り返してぬう

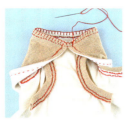
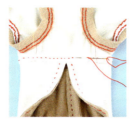
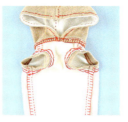
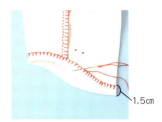

8 えりぐりフードを中表に合わせ、半返しぬいし、ブランケットステッチする。

9 8のぬい代を身頃側に倒し、5mm部分を半返しぬいで押さえる。

10 身頃を中表に合わせて脇の出来上がり線を半返しぬいし、ブランケットステッチをして袖ぐり部をたてまつりぬいする。

11 裾ぬい代をブランケットステッチしてから、ぬい代を1.5cm裏側に折り、たてまつりぬいする（P.35 手順14、15参照）。

1重のフード　作品別レシピ → p.69

裁断する　　1重のフードを作る →

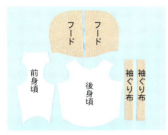

1 前身頃、後身頃、袖ぐり布（2枚）、フード（2枚）を裁断する。

2 フードを中表に合わせ、後ろ中心を半返しぬいでぬい合わせる。

3 表に返す。

4 ぬい代を片側に倒し、半返しぬいでステッチを入れて押さえる。

5 フード口ぬい代をブランケットステッチして、裏側に折る。

6 表側から半返しぬいでステッチする。以降は「2枚生地重ねタイプ」手順7〜と同様。

基本の
タンクトップ
＋アップリケ
＋シフォン袖
＋チュールスカート

作品別レシピ ➡ p.69 参照

手ぬいのやり方は、p.52～55を参照

裁断する

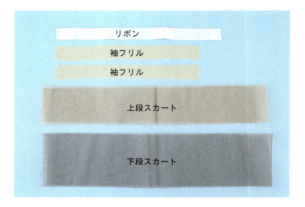

1　前身頃、後身頃、えりぐり布（1枚）、袖ぐり布（2枚）を裁断する。

2　シフォン袖フリル（2枚）、チュールスカート（2枚）、リボン（1枚）を裁断する。

片方の肩をぬう

アップリケをつける

袖ぐり布をつける

3　片方の肩だけぬい、「基本のタンクトップ」（P34）手順2～8を行う。

4　アップリケをブランケットステッチでつけ（p.48参照）、前裾と後ろ裾にブランケットステッチをしてから裏側に折り、半返しぬいでぬう。

5　もう片方の肩をぬい合わせ、袖ぐり布をつける（P.35手順9～11参照）。

シフォン袖フリルを作る

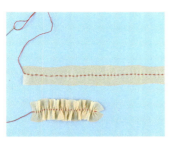

6　フリル用シフォン中心に並ぬいをし、ギャザーを寄せる（2本）。

シフォン袖をつける

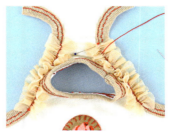

7　袖ぐり布の端にフリルの中心をのせ、表から全返しぬいする。

チュールカートを作る

8　チュール上・下段スカートそれぞれの上から1.5cm部分を並ぬいし、それぞれギャザーを寄せ、ウエスト寸法にする。

スカートをつける

9　後身頃裾から1cm位置に下段スカートのギャザー線をのせ、全返しぬいでぬいつける。

10　9の上に上段スカートを同じ位置に乗せ、ギャザー線位置を全返しぬいする。

両脇をぬう

11　前身頃と後身頃を中表に合わせ、脇の出来上がり線を半返しぬいする。

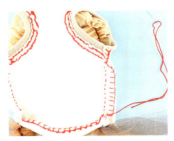

12　11のぬい代にブランケットステッチをする。

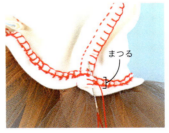

13　ぬい代を後ろ側に倒し、袖ぐり部と裾部をたてまつりぬいする（ぬい代を固定するため）。

リボンをつける

14　リボンを結び、後ろ中心ギャザー線上にのせてまつりつける（p.48参照）。

基本の
タンクトップ
+2段フリルスカート

作品別レシピ ➡ p.70 参照

手ぬいのやり方は、p.52〜55を参照

裁断する

1. 前身頃、後身頃、えりぐり布（1枚）、袖ぐり布（2枚）を裁断する。

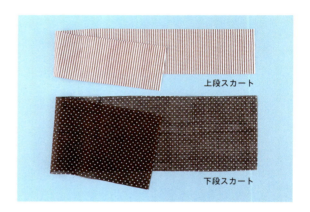

2. スカート上段・下段を各1枚ずつ裁断する。

基本のタンクトップ

3. P.34「基本のタンクトップ」2〜11の手順で作り、前裾だけをブランケットステッチして折り、半返しぬいする。

スカートを作る

4. 上段スカート裾を三つ折りにし、表側から半返しぬいする。両脇も同様に三つ折りし、半返しぬいする。

5. 上側1cmのところを並ぬいし、後ろウエスト出来上り寸法にギャザーを寄せる。

スカートをつける

6 下段スカートも 4〜5 と同様に作る。

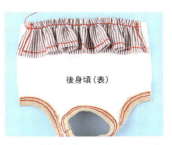

7 後身頃の裾に上段スカートを中表にのせ、全返しぬいする。

8 7の上に下段スカートを重ねてのせて同じ位置を全返しぬいする。

9 8のぬい代にブランケットステッチ始末をする。

10 9のぬい代を身頃側に倒して表からきわに並ぬいをする。

11 前身頃と後身頃を中表に合わせ、脇の出来上がり線を半返しぬいする。

12 11にブランケットステッチをする。

13 11のぬい代を後ろ側に倒し、袖ぐり部分・裾部分をたてまつりぬいする(ぬい代を固定するため)。

14 完成。

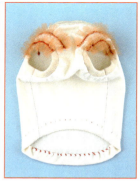

えり・袖をニットテープでくるむ
ふちどりタンクトップ
+袖フリル

作品別レシピ ➡ p.70〜71 参照

手ぬいのやり方は、p.52〜55 を参照

厚地布の場合
普通のカットソー生地で作る場合は「基本のタンクトップ」と同様の作り方でOK

裁断する

1 前身頃、後身頃、ニットテープ、チュールレースを裁断する。

肩をぬう（反返しぬい）

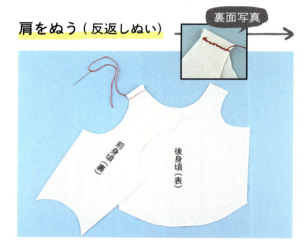

2 前見頃と後見頃を中表にあわせ、肩のできあがり線を半返しぬいでぬい合わせる。

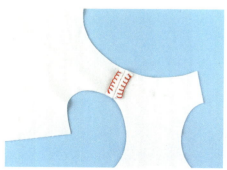

3 ぬい代にブランケットステッチをし、ぬいしろを割る。

えりぐりをくるむ

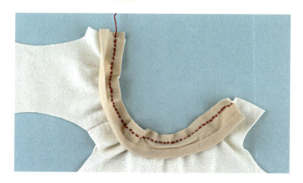

4 えりぐりにニットテープを中表に合わせ、半返しぬいする。

もう片方の肩をぬう　　両袖ぐりをくるむ

  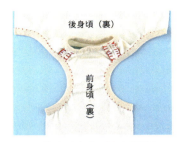

5　ニットテープでえりぐりぬい代をくるみ、たてまつりぬいする。

6　もう片方の肩を半返しぬいでぬい、ブランケットステッチをし、ぬい代を割り、えり部分をたてまつりぬいする。

7　袖ぐりを 4、5 と同様にニットテープでくるみ、たてまつりぬいする。

袖フリル　　両脇をぬう

  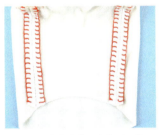

8　フリル布中心に並ぬいし、ギャザーをよせる。

9　全返しぬいでとめつける。

10　両脇を中表に合わせ、脇の出来上がり線を半返しぬいし、ぬい代にブランケットステッチをして割る。

裾を折り返してぬう

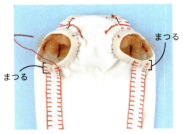 

11　10 のぬい代の袖ぐり部をたてまつりぬいする（P.35 手順 13 参照）。

12　裾をブランケットステッチし、ぬい代 1.5cm を裏側に折り、たてまつりぬいする（P.35 手順 15 参照）。

えり、袖、裾をニット(バイアス)
テープでくるむ

基本の胴輪

作品別レシピ ➡ p.72〜78参照

手ぬいのやり方は、p.52〜55を参照

材料の用意・裁断

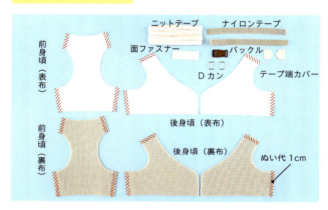

1　[材料] ニットテープ、ナイロンテープ2本、Dカン2個、バックル1個、テープ端カバー2枚、面ファスナー。
　[裁断] 表布・裏布(ボンディング布)をそれぞれ肩と脇にぬい代1cmをつけた「前身頃1枚」「後身頃2枚」を裁断。

表布・裏布をぬう

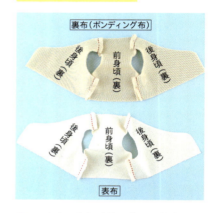

2　表布・裏布(ボンディング布)それぞれを中表に合わせる。肩、脇を半返しぬいする。

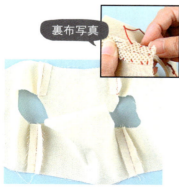

3　表布、裏布ともぬい代を割り、裏布(ボンディング布)のみのぬい代をたてまつりぬいする(生地の性質上、ぬわないと固定できないため)。

4　3の表布と裏布を外表に合わせて、えりぐり→裾→袖ぐりの順に待ち針を打つ。

5　4のえりぐり、裾、袖ぐりの順で布端から約3mm部分を並ぬいし、表布と裏布をぬい合わせる。

ニットテープの始末
（裾→えりぐり→袖ぐりの順にすすめる）

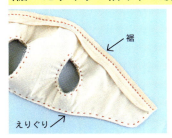

面ファスナーをつける

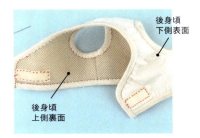

6 裾表側の端とテープの端を中表に合わせてのせ、ニットテープの折り目線上を半返しぬいする。

7 テープを裏布側に折り、たてまつりぬいする（p.54参照）。（デザインによってはレース糸で表から半返しぬいをする。）

8 後身頃の上側裏面と下側表面に面ファスナーをのせ、半返しぬいする。上側裏面はぬい目が表にひびかないよう注意。

ベルトを作る（2本とも同様に作る） →

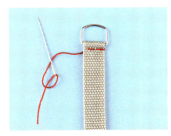

9 テープにDかんを通し、2つ折りし、Dかんの元を全返しぬいする。

10 Dかんの元からバックルの長さ1/2寸法位置に全返しぬいする。

11 テープの片方をバックルに通し、そのつけ根元を全返しぬいする。

→ ベルトを後身頃につける（つけ位置は73ページ参照）

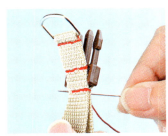

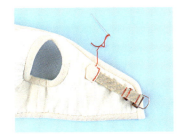

12 もう1本の片方をバックルの反対側に通し、根元を全返しぬいする。

13 テープ端をえりと平行に後身頃から7〜8mmのところにのせ、全返しぬいする。

14 テープ端にテープ端カバー布をのせ全返しぬいする。

45

断ち切り胴輪

作品別レシピ ➡ p.79参照

手ぬいのやり方は、p.52～55を参照

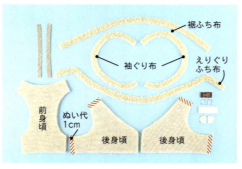

1 裁断する

ぬい代なしの「前身頃1枚」、肩と脇のみぬい代1cmつけた「後身頃2枚」を裁断する。えり・袖・裾のふち布も裁断する（P.79参照）。

肩をぬう

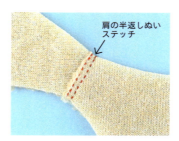

2 前身頃の肩を後身頃の肩ぬい代にのせ、半返しぬいでステッチを2本入れる。

脇をぬう

3 前見頃の脇を後身頃の脇ぬい代にのせ、半返しぬいでステッチを2本入れる。

ふち布の始末（裾→えりぐり→袖ぐりの順にすすめる）

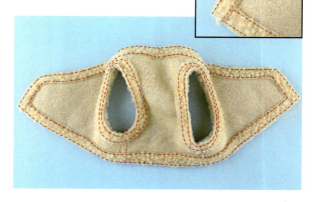

4 裾にふち布をのせ、裾の端から2mm部分を半返しぬいでぬいつける。上端も同様に半返しぬいする。

5 えりぐり、袖ぐりの順に4と同様にふちどり布をつける。P.45「基本の胴輪」手順8～14と同じに仕上げる。ただし、面ファスナーは並ぬいでつける。

＋α小物で好みにアレンジ

コサージュを作る

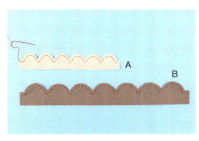

1 　型紙に合わせて裁断し。レース糸で端から5mm部分にA、Bともに並ぬいのステッチを入れる。

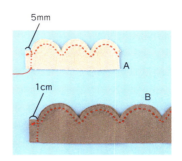

2 　A（ぬい代5mm）、B(ぬい代1cm)を筒状に中表に合わせ、ぬい代を並ぬいでぬい合わせて割る。

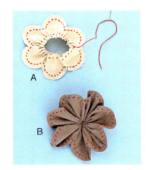

3 　A、Bそれぞれ根元部分（端から5mm）を並ぬいし、ギャザーをよせてしぼる。

4 　3のBの上にAを乗せ、中心をぬい合わせて留め、ボタンをつける。

5 　裏にブローチピンをぬい留めるか、直接洋服にぬい留める。

6 　完成。

レースをつける

半返しぬい

基本のタンクトップを作り、レースの両端1cmを折り、後身頃裾にレースをのせ、待ち針で留める。半返しぬいでぬいつける。

まつる

端のひと模様を折り、出来上がったえりぐりにレースをのせ、待ち針で留める。レースの周囲をまつる（p.48参照）。

くるみボタンを作る

「くるみボタンキット」を用意。キットの指示書にそって、好みの生地でくるみボタンを作る。

フリルをつける

 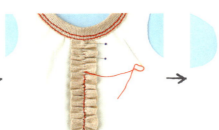 

1 フリル布の中心を並ぬいし、つける位置の寸法にあわせてギャザーをよせておく。

2 「基本のタンクトップ」(P34) 手順 2 〜 8 を行ってから、後ろ中心にフリルを乗せ、フリルの中心を全返しぬいでぬいつける。

3 2 の両脇にフリルをのせ、全返しぬいでぬいつける。

スタッズをつける

1 スタッズの爪を刺す位置にはさみで穴を少し開け、スタッズの爪を刺す。

2 ペンチでスタッズの爪を曲げて固定する。

アップリケをつける

ブランケットステッチ

布地は好みの柄を切り抜き、周囲をブランケットステッチ (P.53 参照) でぬいつける。

ステッチを入れる

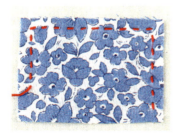

レース糸で並みぬいステッチを入れる。

飾りボタンをつける

糸で 3 〜 4 回糸を渡して、ボタンをつける。

まつる

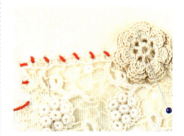

ビーズアップリケやレースのモチーフは周囲をまつりつける。

basic

犬の洋服づくりに必用な
手ぬいの基礎

むずかしいぬい方は一切なし。うちのコの型紙を用意したら、
チクチクぬって、おでかけしましょう。

そろえておきたい道具

メジャー
愛犬のサイズをはかるときに使う。曲線や長い寸法を測るのにも役立つ。

パターン用紙
下の紙が透けて見えるものを選ぶ。方眼付きの物だと使いやすい。

アイロン
ぬい代を倒したり、バイアステープ作りに便利。

ウエイト
パターン用紙を押さえる際に使う文鎮。型紙や生地の固定に便利。

待ち針
型紙や布の仮留めに使用。曲線部分はたくさん使うので多めに用意を。

はさみ
パターン用紙を切る紙切りばさみ、布を切る裁ちばさみ、糸切りばさみを用意。

ロータリーカッター、カッター
布を切るときにはロータリーカッターを。紙を切るときにはカッターを使用。

方眼定規
縦横に目盛りが入った方眼定規だと、平行線が引きやすい。（50cm、30cmが便利）

手ぬい針、糸
手ぬい糸はミシン糸を1本取りにして使用。針は使いやすいものを選ぶ。

※プロセス写真ではぬい方説明がわかりやすいよう、レース糸を使用。

蛍光ペン
型紙を写し間違えないようになぞると便利。こすると消えるタイプを使えばうっかり失敗しても安心。

図案写しマーカー
転写ペーパー不要で、ペン1本でパターン用紙の上から布にしるしが写せるすぐれもの。水で消せるタイプを使用。

シャーペン、鉛筆、消しゴム
パターン用紙に型紙を写すときに使用。

糸通し
本書では刺繍針にレース糸を通すのに使用。太い糸でも通せる刺しゅう専用の糸通しを選ぶと良い。

装飾パーツ

くるみボタンキット
はぎれで好みのボタンが作れるくるみボタンキット。洋服のアクセントに便利。

レース糸、刺繍針
飾りステッチは刺繍糸ではなくレース糸を使用。立体的なステッチに仕上がる。

スタッズ、ペンチ
特殊な工具を使わなくても、布にスタッズの爪をさし、ペンチで爪を折って固定するだけ（P.48参照）。

飾りボタン
アンティーク調のボタンをタンクトップにぬいつけるだけで、おしゃれアイテムに。

生地・材質の選び方

カットソー
伸縮性があるので頭からかぶるタイプの服でも着せやすく、本書の「タンクトップ」はすべてストレッチ素材を使用。

チュール生地
切りっぱなしで使えるソフトチュールを使用。色も豊富で、本書ではワンピースのスカートに用いている。

木綿生地
胴輪の表布やアップリケに使用。愛犬に似合う好みの色、柄を選んでみて。

ニットテープ
カットソーやストレッチ素材をふちどるテープ。快適な肌ざわりで愛犬にも優しい素材。

バックル
胴輪のパーツとして使用。S、M、Dサイズは15mm幅を、L、Bサイズは20mm幅を使用。

ナイロンテープ
胴輪のパーツとして使用。S、M、Dサイズは15mm幅を、L、Bサイズは20mm幅を使用。

Dカン
胴輪のパーツとして使用。ナイロンテープに合わせてS、M、Dサイズは15mm幅を、L、Bサイズは20mm幅が目安。

胴輪表布
「胴輪」の布地は伸縮性無しが基本。ベスト感覚でヘリンボーンやファーなどを選んでもよい。

面ファスナー
胴輪のパーツとして使用。Sサイズは20mm幅、M、Dサイズは25〜30mm幅を、L、Bサイズは50mm幅が目安

胴輪裏布
布を何層にもボンドで貼り合わせた「ボンディング布」を使用。肌ざわりが優しく計量で丈夫なのが特徴。

テープ端用カバー布
胴輪のパーツとして使用。ふちどり布とコーディネイトした布を用いるとオシャレ。

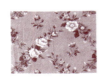

アップリケ生地
好みの柄を切り抜き、ブランケットステッチで周囲をぬいつけるだけでお気に入りの1着に（P.48参照）。

アイロン接着アップリケ
木綿素材にはまつる手間が不要な、アイロン接着アップリケが便利。

ビーズアップリケ
アイロンがけられないビーズ素材のアップリケは周囲をまつりつけるのが基本（P.48参照）。

レース
グリーンのレース（上）はまつりぬい、すそレース（下）は半返しぬいでつける（P.47参照）。

本書で使う手ぬいの基礎

ぬい始め

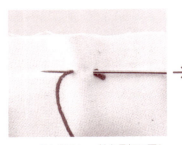

1 ひと針ぬい、針を最初に戻して同じところをもうひと針ぬう。

2 もう1度針を戻し、同じところをぬう（ふた針返したことになる）。

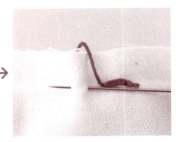

3 ぬい進む。

ぬい終わり（玉どめ）

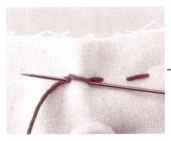

1 ぬい終わりの糸をふた針返す。

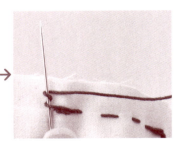

2 糸を針先に2〜3回巻き付ける。

3 巻いたところを押さえて針を抜き、糸を引いて玉どめをつくる。

4 ひと針返して糸を切る。

途中で糸がなくなったら

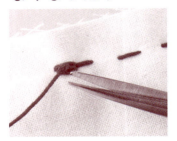

1 「ぬい終わり」（玉どめ）1〜4を行う。

↓

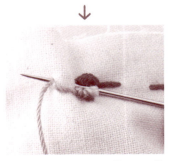

2 「ぬい始め」と同様にふた針返してからぬう。

並ぬい（ぐしぬい）　半返しぬい　全返しぬい

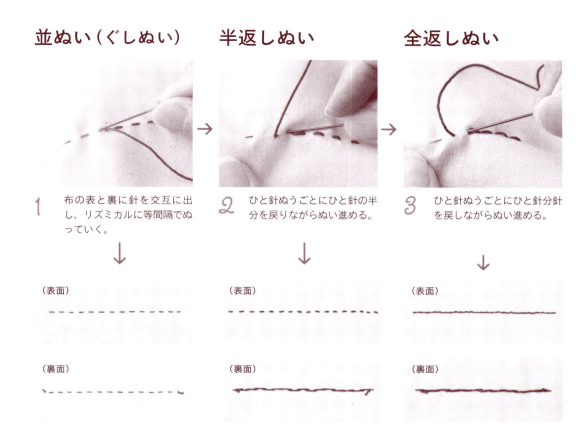

1　布の表と裏に針を交互に出し、リズミカルに等間隔でぬっていく。

2　ひと針ぬうごとにひと針の半分を戻りながらぬい進める。

3　ひと針ぬうごとにひと針分針を戻しながらぬい進める。

ブランケットステッチ

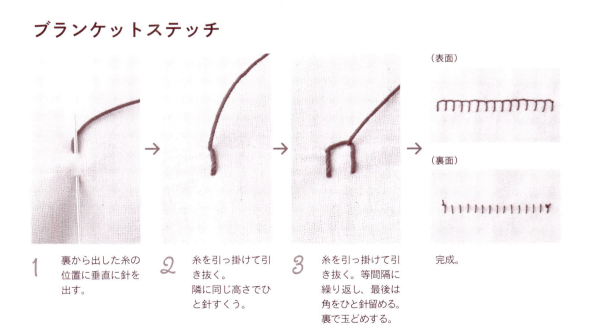

1　裏から出した糸の位置に垂直に針を出す。

2　糸を引っ掛けて引き抜く。隣に同じ高さでひと針すくう。

3　糸を引っ掛けて引き抜く。等間隔に繰り返し、最後は角をひと針留める。裏で玉どめする。

完成。

たてまつりぬい

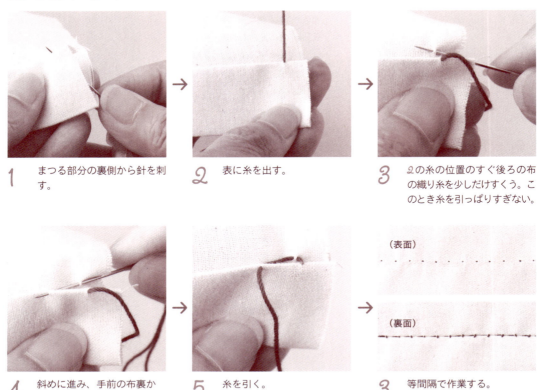

1 まつる部分の裏側から針を刺す。
2 表に糸を出す。
3 2の糸の位置のすぐ後ろの布の織り糸を少しだけすくう。このとき糸を引っぱりすぎない。
4 斜めに進み、手前の布裏から表に針を出す。
5 糸を引く。
3 等間隔で作業する。

布地をバイアスで裁断する

布の縦・横方向に対して、45度で裁ったものをバイアスと呼ぶ。布が伸びやすくなる。

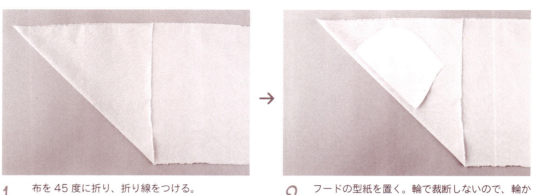

1 布を45度に折り、折り線をつける。
2 フードの型紙を置く。輪で裁断しないので、輪から少し離して置き、カットする

バイアステープを作る

布を裁断する

1 40×40cmの布を45度に折り、折り線をつける。

2 はさみで切る。

3 方眼定規をあて、端から4cmをロールカッターで切る。

はぎあわせる

4 布の端を中表につなぎ合わせる。

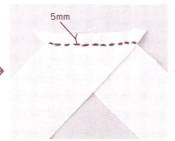

5 端から5mmを半返しぬいする。

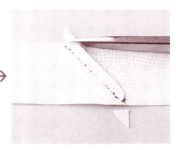

6 ぬい代を割り、布からはみだしたぬい代を切り落とす。

テープ状にする

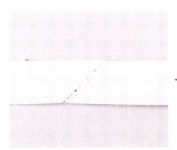

7 表からみた状態。

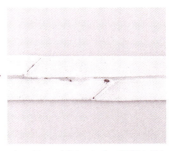

8 布を半分に折り、アイロンで折り目をつける。折り目に布の両端を沿わせてアイロンで折り目をつける。

サイズのはかり方

同じ犬種でも胴の太さや長さ、脚の付け根の位置など、個体によって体型やサイズは異なります。
着心地のよい服づくりには正しい採寸が重要。慣れるまでは同じ箇所を3回くらい測ってみましょう。
愛犬と似た体格のモデルの型紙を活用して作ることをおすすめします。

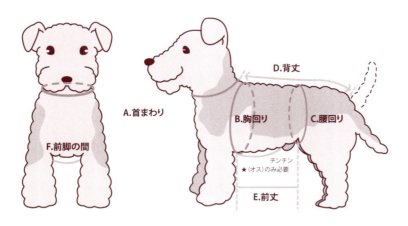

採寸のポイント

- 顔は正面を向ける（うつむいたり、上を向いたりしない）
- 必ず図のような体勢をさせる
- 体の肉部分を測る（ゆるみ、毛足部分を入れない）
- E、★の寸法が特に大切

愛犬サイズ	A. 首まわり	B. 胸まわり	C. 腰	D. 背丈	E. 前丈	F. 前脚の間	★
	cm	cm	cm	cm	cm	cm	cm

本書の型紙分類とモデル犬サイズ

Sサイズ

マルチーズ
くるみちゃん　女の子
【着用アイテム】

モデルサイズ	首まわり	胸まわり	腰	背丈	前丈	前脚の間
	22cm	35cm	29cm	24cm	14cm	8cm

トイプードル
バタコちゃん　女の子
【着用アイテム】

モデルサイズ	首まわり	胸まわり	腰	背丈	前丈	前脚の間
	19cm	27cm	27cm	22cm	11cm	5cm

チワワ
くるみちゃん　女の子
【着用アイテム】

モデルサイズ	首まわり	胸まわり	腰	背丈	前丈	前脚の間
	20cm	28cm	23cm	24cm	13cm	5cm

チワワ
サニーくん　男の子
【着用アイテム】

モデルサイズ	首まわり	胸まわり	腰	背丈	前丈	前脚の間	★
	23cm	29cm	27cm	24cm	11cm	5cm	9cm

Sサイズ

ヨークシャーテリア
クロエちゃん　女の子
【着用アイテム】

モデルサイズ	首まわり	胸まわり	腰	背丈	前丈	前脚の間
	23cm	34cm	30cm	22cm	11cm	5cm

ミニチュアシュナウザー
バーディちゃん　女の子
【着用アイテム】

モデルサイズ	首まわり	胸まわり	腰	背丈	前丈	前脚の間
	24cm	41cm	30cm	27cm	17cm	7cm

ワイヤーフォックステリア
ポプラちゃん　女の子
【着用アイテム】

モデルサイズ	首まわり	胸まわり	腰	背丈	前丈	前脚の間
	26cm	46cm	36cm	27cm	18cm	5cm

Mサイズ

ジャックラッセルテリア
フィンちゃん　女の子
【着用アイテム】

モデルサイズ	首まわり	胸まわり	腰	背丈	前丈	前脚の間
	26cm	42cm	33cm	27cm	16cm	6cm

ミニチュアシュナウザー
スプーンちゃん　女の子
【着用アイテム】

モデルサイズ	首まわり	胸まわり	腰	背丈	前丈	前脚の間
	23cm	37cm	26cm	26cm	15cm	6cm

トイプードル
ポルくん　男の子
【着用アイテム】

モデルサイズ	首まわり	胸まわり	腰	背丈	前丈	前脚の間	★
	23cm	39cm	29cm	27cm	22cm	8cm	17cm

Lサイズ

ウェルシュテリア
チャンクくん　男の子
【着用アイテム】

モデルサイズ	首まわり	胸まわり	腰	背丈	前丈	前脚の間	★
	33cm	55cm	47cm	29cm	18cm	7cm	13cm

Bサイズ

フレンチブルドッグ
花梨ちゃん　女の子
【着用アイテム】

モデルサイズ	首まわり	胸まわり	腰	背丈	前丈	前脚の間
	34cm	49cm	38cm	30cm	20cm	10cm

Dサイズ（共通型紙）

ミニチュアダックスフンド
茶筅丸くん　男の子（左）
ちーずくん　男の子（右）
【着用アイテム】

モデルサイズ	首まわり	胸まわり	腰	背丈	前丈	前脚の間	★
	25cm	39cm	31cm	32cm	18cm	7cm	13cm

（共通型紙）

フレンチブルドッグ
小桃太くん　男の子（左）
モナカちゃん　女の子（右）
【着用アイテム】

モデルサイズ	首まわり	胸まわり	腰	背丈	前丈	前脚の間	★
	38cm	53cm	42cm	30cm	20cm	10cm	18cm

サイズの直し方

本書の型紙はモデル犬たちに合わせています。愛犬のサイズと比較をして、違っている箇所を直します。

	A	B	C	D	E	F	★
作りたい服	cm	cm	cm	cm	cm	cm	cm
愛犬のサイズ							
差							

※型紙を直した場合、振り布の寸法なども直す必要があります。また、使用布地や材料の用尺なども変わるので注意しましょう。

切り開き方（大きく、長くするとき）

型紙を切り離して下に紙をあてる。テープで止めて、線をつながりよく引き直す。

重ね方（小さく、短くするとき）

型紙を切り離して重ねる。テープで止めて、線をつながりよく引き直す。

首まわり（A）を調節する。

※フードがある場合は、それらも身頃に合わせて直す必用がある。

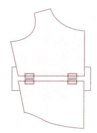
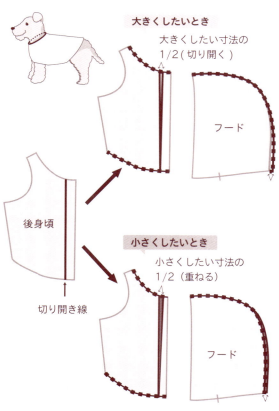

大きくしたいとき
大きくしたい寸法の 1/2（切り開く）

小さくしたいとき
小さくしたい寸法の 1/2（重ねる）

後身頃
切り開き線
フード

前丈（E）を調節する。

※★サイズを利用して、女の子用の型紙を男の子用に変更することも可。前中心から2cm短くすればOK。

前身頃の前中心の長さを調節し、裾線を引き直して後身頃までつなげる。

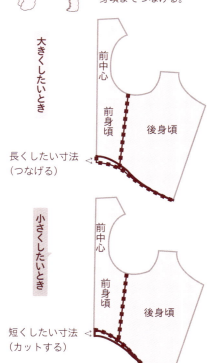

大きくしたいとき
長くしたい寸法（つなげる）

小さくしたいとき
短くしたい寸法（カットする）

前中心
前身頃
後身頃

胸まわり（B）、腰まわり（C）を調節する。

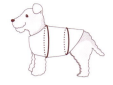

※ BとCはセットで直す必用がある場合が多い。

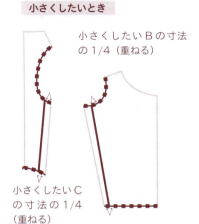

背丈（D）を調節する。

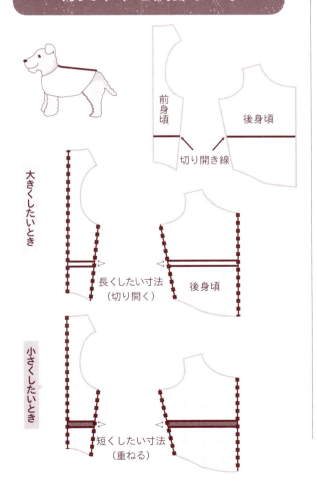

前脚の間（F）を調節する。

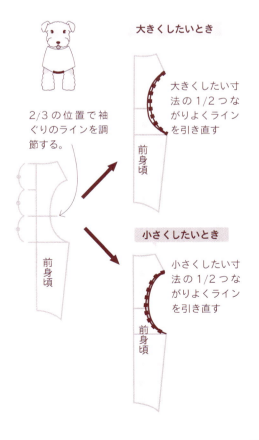

59

型紙の準備と使い方
※ タンクトップの場合で説明

型紙の写し方（タンクトップ例）

 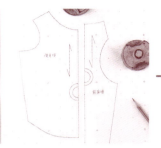 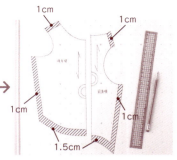

1. 本から実物大型紙を切り離し、写したい型紙の線をマーカーや蛍光ペンでなぞる。

2. 透ける型紙用紙を実物大型紙に重ね、ずれないようにウェイトを置き、出来上がり線や型紙内の印とパーツ名をすべて写す。

3. 指定のぬい代をつける（タンクトップ例で説明）。

型紙を切る

型紙の配置

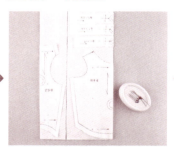

布にでき上がり線を写す

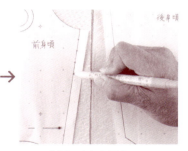

4. 写しモレがないかを確認し、型紙用紙を輪郭線どおりにはさみで切る。

5. 【裁ち方図】を参考に布を置き、型紙を配置する。型紙がずれないように待ち針で留める。

6. 型紙の上から図案写しマーカーで布に出来上がり線を2cm間隔ぐらいの点で、おさえて写す。

布を切る

 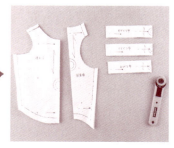 

7. 型紙の線に添って、ロールカッターで布地を切る。

8. 型紙を外す。

基本のタンクットップ
基本の胴輪
に自分らしさをプラス

Girlish　　NATURAL　　COOL

タンクトップはストレッチが効いた生地を選び、胴輪は伸縮性が無い生地を選びます。お洗濯はデリケートな素材を使う場合は、ホームクリーニング洗剤を用いて手洗いして下さい。

基本のタンクトップ
手順説明写真→P.34〜35

【裁ち方図】

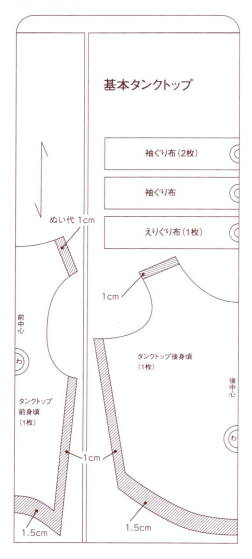

【共通の作り方】
1　P.34「基本のタンクトップ」を作る。

item 1.16.37

item 1 作品 P.6

フレンチブルドッグ
小桃太
実物大型紙／A面

【材料】
・カットソー（黄色無地）
　…50×65cm
〈身頃裁断の残り布でとる↓〉
・えりぐり布…4×45cm　1本
・袖ぐり布…4×45cm　2本

item 16 作品 P.15

【材料】
・カットソー（ボーダー）
　…50×65cm
〈身頃裁断の残り布でとる↓〉
・えりぐり布…4×45cm　1本
・袖ぐり布…4×45cm　2本

item 37 作品 P.28

【材料】
・カットソー（グレー無地）
　…50×65cm
〈身頃裁断の残り布でとる↓〉
・えりぐり布…4×45cm　1本
・袖ぐり布…4×45cm　2本

item 15

item 15 作品 P.15

フレンチブルドッグ
花梨
実物大型紙／A面

【材料】
・カットソー（ボーダー）
　…48×60cm
〈身頃裁断の残り布でとる↓〉
・えりぐり布…4×40cm　1本
・袖ぐり布…4×45cm　2本

item 25
ジャックラッセル
フィン
実物大型紙／A面

【材料】
・カットソー（ボーダー）
　…50×55cm
〈身頃裁断の残り布でとる↓〉
・えりぐり布…3.5×34cm　1本
・袖ぐり布…3.5×36cm　2本

item 25
作品 P.20

item 29
トイプードル
ポル
実物大型紙／A面

【材料】
・カットソー（ボーダー）
　…40×90cm
〈身頃裁断の残り布でとる↓〉
・えりぐり布…3.5×30cm　1本
・袖ぐり布…3.5×32cm　2本

item 29
作品 P.23

item 40
ミニチュアシュナウザー
スプーン
実物大型紙／A面

【材料】
・カットソー（ボーダー）
　…35×90cm
〈身頃裁断の残り布でとる↓〉
・えりぐり布…4×30cm　1本
・袖ぐり布…4×30cm　2本

item 40
作品 P.30

item 41
ミニチュアシュナウザー
バーディ
実物大型紙／A面

【材料】
・カットソー（水玉）
　…40×90cm
〈身頃裁断の残り布でとる↓〉
・えりぐり布…4×31cm　1本
・袖ぐり布…4×31cm　2本

item 41
作品 P.30

基本のタンクトップ＋ボタン
手順説明写真→P.34～35、48

item 23
作品 P.19

item 23
ワイヤーダックス
ちーず
実物大型紙／A面

【材料】
・カットソー地（ボーダー）
　…42×90cm
〈身頃裁断の残り布でとる↓〉
・えりぐり布…3×32cm　1本
・袖ぐり布…3×35cm　2本

〈好みのボタン〉
23mm 1個、21mm 1個、
18mm 3個

【作り方】
1　P.34「基本のタンクトップ」
　を作る。
2　ボタンをつける（P.48参照）。

基本のタンクトップ + 裾レース

手順説明写真→P.34〜35、47

item 5
作品 P.9

item 5

マルチーズ
くるみ

実物大型紙／A面

【材料】
・カットソー（ピンク）
　…35×80cm
〈身頃裁断の残り布でとる↓〉
・えりぐり布…3.5×30cm　1本
・袖ぐり布…3.5×30cm　2本

〈裾フリル〉
・ギャザーレース（3cm幅）
　…57cm

【作り方】
1　P.34「基本のタンクトップ」を作る。
2　最後に後身頃裾にレースをのせ、半返しぬいでぬい留める（P.47参照）。レースのせ位置は型紙に記入。

基本のタンクトップ + アップリケ

手順説明写真→P.34〜35、48

item 10

ワイヤーフォックステリア
ポプラ

実物大型紙／A面

item 10
作品 P.12

【材料】
・カットソー（無地）
　…53×60cm
〈身頃裁断の残り布でとる↓〉
・えりぐり布
　…3.5×33cm　1本
・袖ぐり布
　…3.5×35cm　2本
・アップリケ用別布（花柄）

【作り方】
1　P.34「基本のタンクトップ」を作る。
2　好みの柄を切り抜き、ブランケットステッチでアップリケをつける（P.48参照）。

item 35

ウェルシュテリア
チャンク

実物大型紙／A面

item 35
作品 P.26-27

【材料】
・カットソー地（無地）
　…50×70cm
〈身頃裁断の残り布でとる↓〉
・えりぐり布
　…4×43cm　1本
・袖ぐり布
　…4×45cm　2本
・クモのビーズモチーフ…1個

【作り方】
1　P.34「基本のタンクトップ」を作る。
2　クモモチーフ周囲をまつりつける（P.48参照）。

item 42

作品 P.31

ワイヤーダックス
チーズ

実物大型紙／A面

【材料】
・カットソー地（無地）
　…42×90cm
〈身頃裁断の残り布でとる↓〉
・えりぐり布…3×32cm　1本
・袖ぐり布…3×35cm　2本
・アイロン接着アップリケ
　（バラ）　1個

【作り方】
1　P.34「基本のタンクトップ」を作る。
2　出来上がってからバランスをみてアップリケをアイロン接着する。

item 46

作品 P.33

ヨークシャーテリア
クロエ

実物大型紙／A面

【材料】
・カットソー地（無地）
　…32×80cm
〈身頃裁断の残り布でとる↓〉
・えりぐり布
　…3.5×25cm　1本
・袖ぐり布
　…3.5×27cm　2本
・レースモチーフ…2種

【作り方】
1　P.34「基本のタンクトップ」を作る。
2　レースモチーフ周囲をまつりつける(P.48参照)。

item 32

作品 P.25

チワワ　サニー

実物大型紙／A面

【材料】
・カットソー地（無地）
　…39×40cm
〈身頃裁断の残り布でとる↓〉
・えりぐり布
　…3×28cm　1本
・袖ぐり布…3×27cm　2本
・アップリケ用別布（チェック）
　…11×11cm 1枚

【作り方】
1　P.34「基本のタンクトップ」を作る。
2　星型に合わせて生地を裁断し、ブランケットステッチでアップリケをつける(P.48参照)。

【チワワサニー　アップリケ星型】
（実物大）

基本のタンクトップ + コサージュ

手順説明写真→P.34～35、47

【裁ち方図】
ミニチュアシュナウザー（スプーン・バーディ）

【共通の作り方】
1 P.34「基本のタンクトップ」を作る。
2 P.47「コサージュ」を作る。

item 18
作品 P.16-17

ミニチュアシュナウザー
スプーン

実物大型紙／タンクトップA面、コサージュB面

【材料】
・カットソー地（デニムタイプ）
　　…35×90cm
〈身頃裁断の残り布でとる↓〉
・えりぐり布…4×30cm　1本
・袖ぐり布…4×30cm　2本
〈えりぐり、袖ぐり、コサージュ飾りステッチ〉
・太めのレース糸（ハンドステッチ用）（赤）
〈コサージュ〉
・カットソー地（デニムタイプ）…3.5×20.5cm（A）
・カットソー地（デニムタイプ）…5×26.5cm（B）

item 20
作品 P.16-17

ミニチュアシュナウザー
バーディ

実物大型紙／タンクトップA面、コサージュB面

【材料】
・カットソー地（デニムタイプ）
　　…40×90cm
〈身頃裁断の残り布でとる↓〉
・えりぐり布…4×31cm　1本
・袖ぐり布…4×31cm　2本
〈えりぐり、袖ぐり、
　コサージュ飾りステッチ〉
・太めのレース糸（ハンドステッチ用）（白）
〈コサージュ〉
・カットソー地（デニムタイプ）…3.5×20.5cm（A）
・カットソー地（デニムタイプ）…5×26.5cm（B）

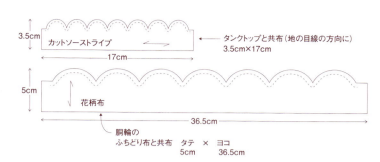

item 12

ワイヤーフォックステリア　ポプラ

実物大型紙／タンクトップA面、コサージュB面

【材料】
・カットソー（ボーダー）…53×60cm
〈身頃裁断の残り布でとる↓〉
・えりぐり布…3.5×35cm　1本
・袖ぐり布…3.5×35cm　2本
〈コサージュ〉
・カットソー地（ボーダー）…3.5×20.5cm（A）
・コットン（花柄）…5×35cm（B）

【作り方】
1　P.34の「基本のタンクトップ」を作る。
2　P.47の「コサージュ」を作る。

基本のタンクトップ＋背中フリル

手順説明写真→P.34〜35、48

【裁ち方図】

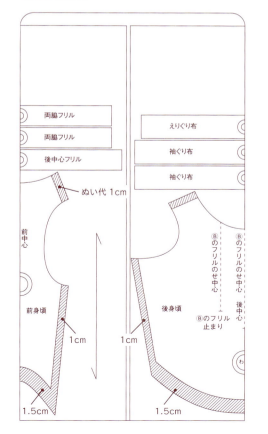

item 44

トイプードル　ポル

実物大型紙／A面

【材料】
・カットソー地（デニムタイプ）
　…40×90cm
〈身頃裁断の残り布でとる↓〉
・えりぐり布…3.5×30cm　1本
・袖ぐり布…3.5×32cm　2本
・後ろ中心フリル…3×30cm　1本
・両脇フリル…3×27cm　2本

【作り方】
1　フリル布の中心を並縫いし、つける位置の寸法にあわせてギャザーをよせておく（P.48参照）。
2　裁断したパーツをP.34「基本のタンクトップ」2〜8の手順で作業する。
3　後身頃に1を全返し縫いでつける（P.48参照）。
4　P.35「基本のタンクトップ」9〜15の手順を行う。

基本のタンクトップ + フード

手順説明写真→P.36〜37、48、54

【裁ち方図】

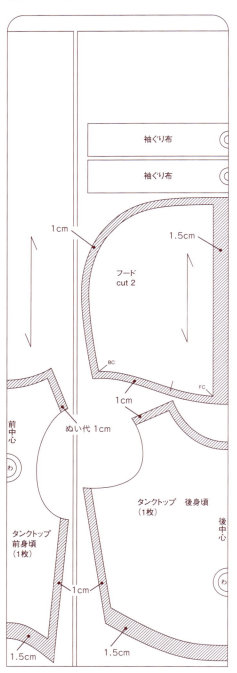

基本のタンクトップ
＋2重のフード

item 27
作品 P.21

ジャックラッセル フィン
実物大型紙／タンクトップA面、フードB面

【材料】
・カットソー地（無地）
　…55×70cm
〈身頃裁断の残り布でとる↓〉
・袖ぐり布…3.5×38cm　2本
〈フード内側用〉
・コットン（花柄）…40×40cm
バイアスでカット（P.54参照）

【作り方】
1　P.36の「基本のタンクトップ+フード」を作る。
2　好みのはぎれを真四角ではなく、少しいびつな形にカットし、並ぬいでつける（P.48参照）。

item 28
作品 P.22

フレンチブルドッグ
モナカ
実物大型紙／タンクトップA面、フードB面

【材料】
・カットソー地（水玉）…60×85cm
〈身頃裁断の残り布でとる↓〉
・袖ぐり布…4×45cm　2本
〈フード内側用〉
・カットソー（花柄）…30×40cm

【作り方】
1　P.36「基本のタンクトップ+フード」を作る。

> 基本のタンクトップ
> ＋1重のフード

item 31 作品 P.24

item 31

ダックス 茶筅丸
実物大型紙／タンクトップA面、
フードB面

【材料】
・カットソー地（無地）
　…45×55cm
〈身頃裁断の残り布でとる↓〉
・袖ぐり布…3×35cm　2本
〈フード〉
・フリース迷彩柄…27×40cm

〈飾り〉
アイロン接着アップリケ（星）
…1個

【作り方】
1　「一重のフードをぬう」（P.37参照）。
2　P36「基本のタンクトップ＋フード」の手順6〜11を行う。
3　ワッペンをアイロン接着する。

基本のタンクトップ＋アップリケ ＋チュール袖・スカート

手順説明写真→P.38〜39、48

> 基本のタンクトップ
> ＋アップリケ＋シフォン袖
> ＋チュールスカート

item 4

マルチーズ　くるみ
実物大型紙／A面

【材料】
・カットソー（ミント色）
　…30×80cm
〈身頃裁断の残り布でとる↓〉
・えりぐり布
　…3.5×30cm　1本
・袖ぐり布
　…3.5×30cm　2本
〈チュールスカート（ミント色）〉
・上段スカート…10×180cm　1枚
・下段スカート…13×180cm　1枚
〈袖フリル〉
・シフォン（ミント色）…5×55cm　2枚
〈飾り〉
アップリケ用別布…少々

item 4 作品 P.8

【作り方】
1　P38〜39の手順1〜13参照。

※アップリケのつけ方は p.48 参照

> 基本のタンクトップ
> ＋アップリケ＋ウェストリボン
> ＋チュールスカート

item 7

チワワ　くるみ
実物大型紙／A面

【材料】
・カットソー（ボーダー）
　…27×70cm
〈身頃裁断の残り布でとる↓〉
・えりぐり布
　…3×25cm　1本
・袖ぐり布
　…3×25cm　2本
〈チュールスカート（白）〉
・上段スカート
　…8×180cm　1枚
・下段スカート…11×180cm　1枚
〈飾り〉
サテンリボン（2.5cm幅）…53cm
アップリケ用別布…少々

item 7 作品 P.10

【作り方】
1　P38の手順1〜5、P39の手順8〜14参照。

※アップリケのつけ方は p.48 参照

基本のタンクトップ ＋ 2段フリルスカート
手順説明写真→P.40〜41

item 33
作品 P.26-27

item 33

トイプードル
バタコ

実物大型紙／A面

【材料】
・カットソー（無地）
　…35×40cm
〈身頃裁断の残り布でとる↓〉
・えりぐり布
　…3×29cm　1本
・袖ぐり布…3×29cm　2本
〈スカート〉
・上段スカート（ギンガムチェック）
　…6×60cm　1枚
・下段スカート（水玉）
　…10×60cm

【作り方】
1　P40〜41の手順参照。

ふちどりタンクトップ
手順説明写真→P.42〜43（袖フリルは不要）

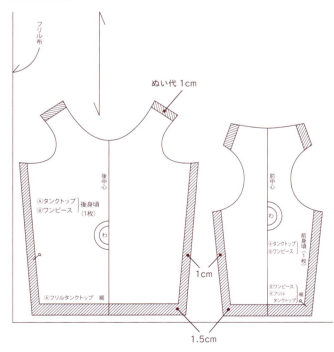

item 8
作品 P.11

item 8

チワワ　くるみ

実物大型紙／A面

【材料】
・フリル生地…28×40cm
・ニットテープ…67cm

【作り方】
1　P.42「ふちどりタンクトップ」を作る。※袖フリルは不要

ふちどりタンクトップ＋アップリケ

手順説明写真→P.42〜43（袖フリルは不要）、48

item 22

ダックス
茶筅丸
実物大型紙／A面

item 22
作品 P.18

【材料】
・フリース（無地）
　…42cm×55cm
・ニットテープ…98cm
・数字アップリケ…1枚

【作り方】
1　P.42「ふちどりタンクトップ」を作る。※袖フリルは不要
2　出来上がってからバランスをみてアップリケの周囲をまつりつける（P.48参照）。

item 39

チワワ
サニー
実物大型紙／A面

item 39
作品 P.29

【材料】
・ストレッチフリンジ生地
　…30×40cm
・ニットテープ…83cm
・ビーズとスパンコールの
　アップリケ…1枚

【作り方】
1　P.42「ふちどりタンクトップ」を作る。※袖フリルは不要
2　出来上がってからバランスをみてアップリケの周囲をまつりつける（P.48参照）。

ふちどりタンクトップ＋袖フリル

手順説明写真→P.42〜43

item 3
作品 P.7

item 3

フレンチブルドッグ
モナカ
実物大型紙／A面

【材料】
・フェイクファー
　（ストレッチタイプ）
　…42cm×65cm
・ニットテープ…140cm

〈袖フリル〉
・チュールレース外側
　（5cm幅にカットしたもの）
　…95cm×2本
・チュールレース内側
　（8cm幅にカットしたもの）
　…120cm×2本

【作り方】
1　P.42「ふちどりタンクトップ
　＋袖フリル」を参照して作る。

基本の胴輪
手順説明写真 P.44〜45

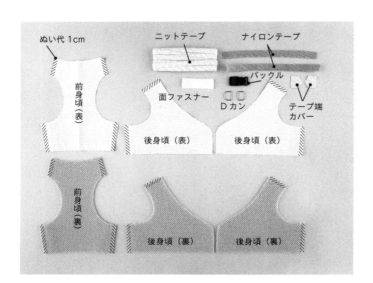

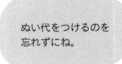

ぬい代をつけるのを忘れずにね。

【共通の作り方】 ※詳細は P.44 参照

1. 材料の用意・裁断をする。
2. 表布・裏布をぬう。
3. 裾→えりぐり→袖ぐりの順にニットテープの始末をする。
4. 面ファスナーをつける。
5. ベルトを作る。
6. ベルトを後身頃につける。

【裁ち方図】

〈面ファスナー説明図〉

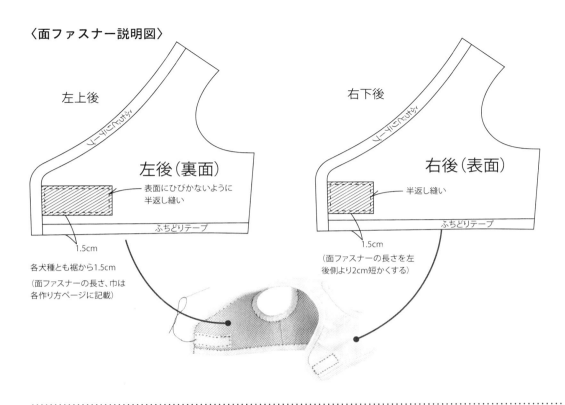

〈ハーネスベルト説明図〉 〈ベルトつけ位置〉

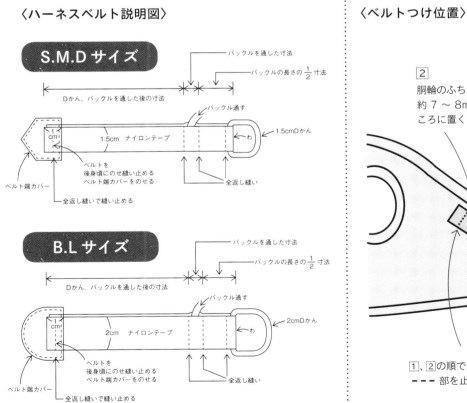

item 2
フレンチブルドッグ　小桃太
実物大型紙／B面

【材料】
- （表布）コットン（花柄）…30×75cm
- （裏布）ボンディング布…30×75cm
- 手作りバイアステープ（チェック）（P.55参照）…270cm

ベルトパーツ
- ナイロンテープ（2cm幅）…22cm×2本
- バックル（2cm）…1個
- Dかん（2cm）…2個
- 面ファスナー（5cm幅）…10cm
- テープ端カバー用…バイアステープと同じ布少々

item 6
マルチーズ　くるみ
実物大型紙／B面

【材料】
- （表布）キルティング（チェック柄）…24×60cm
- （裏布）ボンディング布…24×60cm
- 手作りバイアステープ（花柄）（P.55参照）…186cm

ベルトパーツ
- ナイロンテープ（1.5cm幅）…20cm×2本
- バックル（1.5cm）…1個
- Dかん（1.5cm）…2個
- 面ファスナー（2.5cm幅）…8cm
- テープ端カバー用…バイアステープと同じ布少々

item 9
チワワ　くるみ
実物大型紙／B面

【材料】
- （表布）リングウール（ピンク）…20×50cm
- （裏布）ボンディング布…20×50cm
- ニットテープ…153cm

ベルトパーツ
- ナイロンテープ（1.5cm幅）…16cm×2本
- バックル（1.5cm）…1個
- Dかん（1.5cm）…2個
- 面ファスナー（2cm幅）…8cm
- テープ端カバー用…バイアステープと同じ布少々

item 11
ワイヤーフォックステリア　ポプラ
実物大型紙／B面

【材料】
- （表布）別珍（花柄）…27×50cm
- （裏布）ボンディング布…27×50cm
- バイアステープ（コーデュロイ）…186cm

ベルトパーツ
- ナイロンテープ（1.5cm幅）…20cm×2本
- バックル（1.5cm）…1個
- Dかん（1.5cm）…2個
- 面ファスナー（3cm幅）…8cm
- テープ端カバー用…バイアステープと同じ布少々

item 13
作品 P.13

item 13
ワイヤーフォックステリア　ポプラ
実物大型紙／B面

【材料】
- （表布）キルティング（無地）…30×75cm
- （裏布）ボンディング布…30×75cm
- 手作りバイアステープ（花柄）(P.55 参照)…196cm

ベルトパーツ
- ナイロンテープ（1.5cm 幅）…22cm×2本
- バックル（1.5cm）…1個
- Dかん（1.5cm）…2個
- 面ファスナー（3cm 幅）…8cm
- テープ端カバー用…バイアステープと同じ布少々

item 17
作品 P.15

item 17
フレンチブルドッグ　花梨
実物大型紙／B面

【材料】
- （表布）キルティング（花柄）…26×70cm
- （裏布）ボンディング布…26×70cm
- 手作りバイアステープ（花柄）(P.55 参照)…220cm

ベルトパーツ
- 綿テープ（2cm 幅）…22cm×2本
- バックル（2cm）…1個
- Dかん（2cm）…2個
- 面ファスナー（5cm 幅）…10cm
- テープ端カバー用…フェルト少々

item 19
作品 P.16-17

item 19
ミニチュアシュナウザー　スプーン
実物大型紙／B面

【材料】
- （表布）キルティング（タータンチェック）
　…26×63cm
- （裏布）ボンディング布…26×63cm
- バイアステープ…180cm

ベルトパーツ
- ナイロンテープ（1.5cm 幅）…22cm×2本
- バックル（1.5cm）…1個
- Dかん（1.5cm）…2個
- 面ファスナー（3cm 幅）…8cm
- テープ端カバー用…バイアステープと同じ布少々

item 21
作品 P.16-17

item 21
ミニチュアシュナウザー　バーディ
実物大型紙／B面

【材料】
- （表布）キルティング（タータンチェック）
　…26×68cm
- （裏布）ボンディング布…26×68cm
- バイアステープ…192cm

ベルトパーツ
- ナイロンテープ（1.5cm 幅）…22cm×2本
- バックル（1.5cm）…1個
- Dかん（1.5cm）…2個
- 面ファスナー（3cm 幅）…8cm
- テープ端カバー用…バイアステープと同じ布少々

75

item 24
ワイヤーダックス　ちーず
実物大型紙／B面

【材料】
- （表布）デニム（水玉）…30×75cm
- （裏布）ボンディング布…30×75cm
- ニットテープ…196cm

ベルトパーツ
- ナイロンテープ（1.5cm幅）…22cm×2本
- バックル（1.5cm）…1個
- Dかん（1.5cm）…2個
- 面ファスナー（3cm幅）…8cm
- テープ端カバー用…ニットテープを利用

item 34
トイプードル　バタコ
実物大型紙／B面

【材料】
- （表布）フェイクファー（ヒョウ柄）…20×50cm
- （裏布）ボンディング布…20×50cm
- バイアステープ（コットンテープ）…143cm

ベルトパーツ
- ナイロンテープ（1.5cm幅）…16cm×2本
- バックル（1.5cm）…1個
- Dかん（1.5cm）…2個
- 面ファスナー（2cm幅）…7cm
- テープ端カバー用…バイアステープと同じ布少々

item 36
ウェルシュテリア　チャンク
実物大型紙／B面

【材料】
- （表布）ウールツイード（ヘリンボーン）…33×80cm
- （裏布）ボンディング布…33×80cm
- ニットテープ…250cm

ベルトパーツ
- ナイロンテープ（2cm幅）…23cm×2本
- バックル（2cm）…1個
- Dかん（2cm）…2個
- 面ファスナー（5cm幅）…10cm
- テープ端カバー用…バイアステープと同じ布少々

item 43
ワイヤーダックス　ちーず
実物大型紙／B面

【材料】
- （表布）フェイクファー…27×50cm
- （裏布）ボンディング布…27×50cm
- ニットテープ…186cm

ベルトパーツ
- ナイロンテープ（1.5cm幅）…20cm×2本
- バックル（1.5cm）…1個
- Dかん（1.5cm）…2個
- 面ファスナー（3cm幅）…8cm
- テープ端カバー用…バイアステープと同じ布少々

item 45
作品 P.32

item 45
トイプードル　ポル

実物大型紙／B面

【材料】
- （表布）フェイクファー（白黒）…26×63cm
- （裏布）ボンディング布…26×63cm
- ニットテープ…180cm
- ナイロンテープ（1.5cm幅）…20cm×2本　｜ベルトパーツ
- バックル（1.5cm）…1個
- Dかん（1.5cm）…2個
- 面ファスナー（3cm幅）…8cm
- テープ端カバー用…ニットテープと同じ布少々

item 47
作品 P.33

item 47
ヨークシャーテリア　クロエ

実物大型紙／B面

【材料】
- （表布）フェイクファー（鹿柄）…22×55cm
- （裏布）ボンディング布…22×55cm
- ニットテープ…160cm
- ナイロンテープ（1.5cm幅）…20cm×2本　｜ベルトパーツ
- バックル（1.5cm）…1個
- Dかん（1.5cm）…2個
- 面ファスナー（2cm幅）…8cm
- テープ端カバー用…バイアステープと同じ布少々

基本の胴輪＋飾りボタン　※1重仕立て（裏布なし）
手順説明写真 P.44〜45、47

item 26
作品 P.20

item 26
ジャックラッセル　フィン

実物大型紙／B面

【材料】
- （表布）ダンガリーキルティング地…26×65cm
- 手作りバイアステープ（ストライプ）（P.55参照）…180cm
- ナイロンテープ（1.5cm幅）…20cm×2本　｜ベルトパーツ
- バックル（1.5cm）…1個
- Dかん（1.5cm）…2個
- 面ファスナー（2.5cm幅）…8cm
- フェルト（テープ端カバー用）…少々
- くるみボタン（18mm）（好みの生地で作る）…11個

【作り方】
1. P44「基本の胴輪」手順1の裏布（ボンディング布）を除いて裁断する。
2. 表布のみ肩と脇を中表に合わせて半返しぬいする。
3. 2のぬい代にブランケットステッチをして割る。
4. P45手順6〜14と同様に進める。
5. くるみボタンを作り（P.47参照）型紙の指定位置にぬいつける。

基本の胴輪＋レース
手順説明写真 P.44～45、47

item 30
作品 P.23

item 30
トイプードル　ポル

実物大型紙／B面

【材料】
・（表布）ウールツイード
　（ヘリンボーン）…26×63cm
・（裏布）ボンディング布
　…26×63cm
〈襟の飾り〉
・トーションレース…26cm
・ニットテープ…180cm

ベルトパーツ
・ナイロンテープ（1.5cm幅）
　…20cm×2本
・バックル（1.5cm）…1個
・Dかん（1.5cm）…2個
・面ファスナー（3cm幅）…8cm
・テープ端カバー用
　…ニットテープと同じ布少々

【作り方】
1　P44「基本の胴輪」を作る。
2　出来上がった最後に、えりぐりにレースをのせ、レースの周囲をまつる（P.47参照）。

基本の胴輪＋スタッズ
手順説明写真 P.44～45、48

item 38
作品 P.28

item 38
フレンチブルドッグ
小桃太

実物大型紙／B面

【材料】
・（表布）フェイクファー
　（アニマル柄）…30×75cm
・（裏布）ボンディング布
　…30×75cm
・ニットテープ
　…230cm

ベルトパーツ
・ナイロンテープ（2cm幅）
　…22cm×2本
・バックル（2cm）…1個
・Dかん（2cm）…2個
・面ファスナー（5cm幅）…10cm
・フェルト（テープ端カバー用）
　…少々
・シルバースタッズ（1cm角型）
　…13個

【作り方】
1　P44「基本の胴輪」を作る。
2　スタッズをつける（P.48参照）。

断ち切り胴輪

手順説明写真 P.46

item 14

フレンチブルドッグ　小桃太

実物大型紙／B面

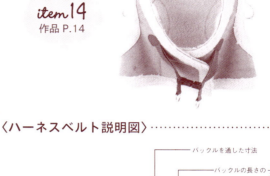

【材料】
- フェイクムートン…47×90cm
- ナイロンテープ（2cm幅）…22cm×2本
- バックル（2cm）…1個
- Dカン（2cm）…2個
- 面ファスナー（5cm幅）…10cm
- フェルト（テープ端カバー用）…少々

（ベルトパーツ）

〈ハーネスベルト説明図〉

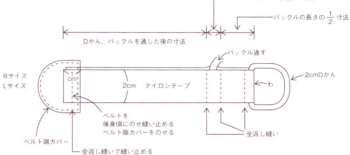

【作り方】
1　全て P.46 の「断ち切り胴輪」参照。

【裁ち方図】

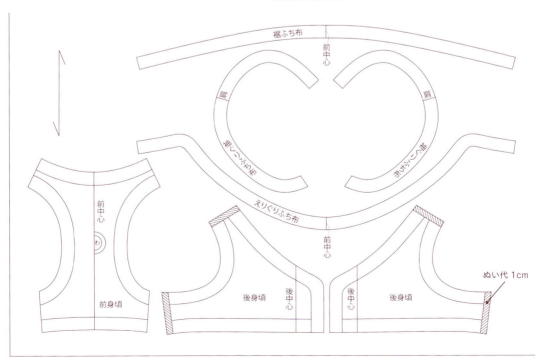

[Staff]
装丁・本文デザイン／OKAPPA DESIGN（工藤亜矢子）
撮影・スタイリング／蜂巣文香
イラスト／藤井昌子
手順撮影協力／田顔 園

[撮影協力]
mmsu-ha
http://www.mmsu-ha.jp/
東京都目黒区東山2-10-4-1F
電話03-3713-0133

GOOD BUDDY STUDIO
https://www.good-buddy-studio.com/
東京都世田谷区深沢7-21-28（ハドソンスタジオ内）
電話　03-5724-7134

ペットサロンデイジー
http://www.pet-daisy.com/
東京都板橋区小茂根2-22-4
電話　03-5965-1167

ぶきっちょさんでも、ミシンがなくてもOK

かんたん手ぬい犬の服

2017年11月24日　第1刷発行
2022年 4 月 4 日　第5刷発行

著　者　了戒かずこ
発行者　鈴木章一
発行所　株式会社　講談社
　　　　〒112-8001　東京都文京区音羽2-12-21
　　　　販売　TEL03-5395-3606
　　　　業務　TEL03-5395-3615
編　集　株式会社　講談社エディトリアル
　　　　代表　堺　公江
　　　　〒112-0013　東京都文京区音羽1-17-18　護国寺SIAビル
　　　　編集部　TEL03-5319-2171
印刷所　半七写真印刷工業株式会社
製本所　大口製本印刷株式会社

定価はカバーに表示してあります。
本書のコピー、スキャン、デジタル化等の無断複製は著作権法上での例外を除き禁じられております。
本書を代行業者等の第三者に依頼してスキャンやデジタル化することはたとえ個人や家庭内の利用でも著作権法違反です。
落丁本・乱丁本は、購入書店名を明記の上、講談社業務あて（03-5395-3615）にお送りください。
送料講談社負担にてお取り換えいたします。
なお、この本についてのお問い合わせは、講談社エディトリアル宛にお願いいたします。

©kazuko Ryokai 2017 Printed in Japan
N.D.C.594 79p 26cm ISBN 978-4-06-220849-9